NOUVEAU MANUEL COMPLET

DE LA

FABRICATION DES TISSUS.

ENCYCLOPÉDIE-RORET.

NOUVEAU·MANUEL COMPLET

DE LA

FABRICATION DES TISSUS

DE TOUTE ESPÈCE

CONTENANT:

La connaissance des Matières textiles, le classement des Tissus, le classement, la nomenclature, la composition et l'analyse des Armures, le lattage des Couleurs, les principes généraux et appliqués des Esquisses, le montage, l'ourdissage, la Constitution des Tissus, la lecture des Dessins, l'analyse des Tissus, le principe du tissage, ainsi que la construction, la mise en mouvement et la manutention des machines, etc.

PAR **M. Félix TOUSTAIN** (D'ELBEUF),

Professeur, Ingénieur et Mécanicien pour l'Industrie des Tissus.

ATLAS.

PARIS

A LA LIBRAIRIE ENCYCLOPÉDIQUE DE RORET, RUE HAUTEFEUILLE, 12.

1858

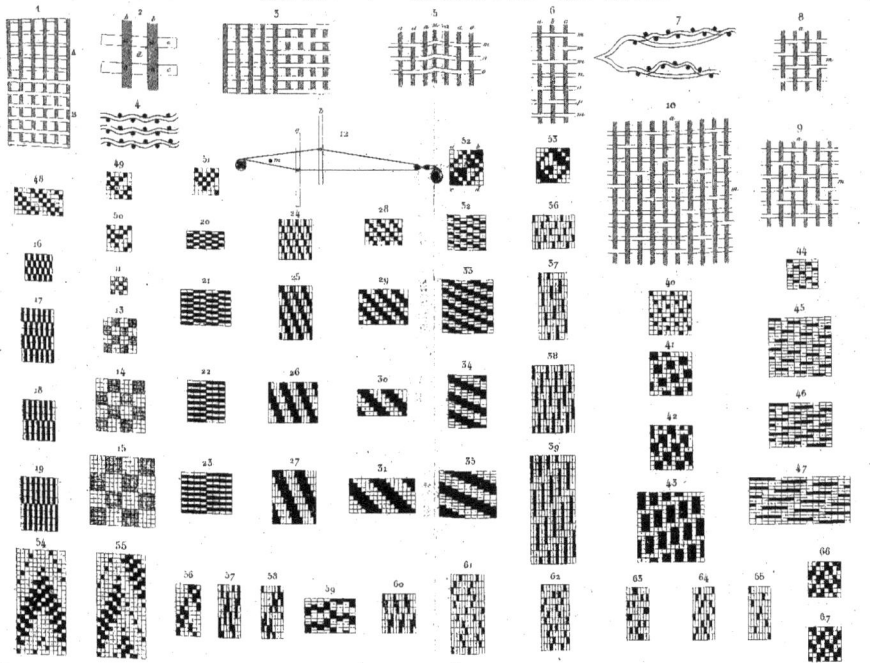

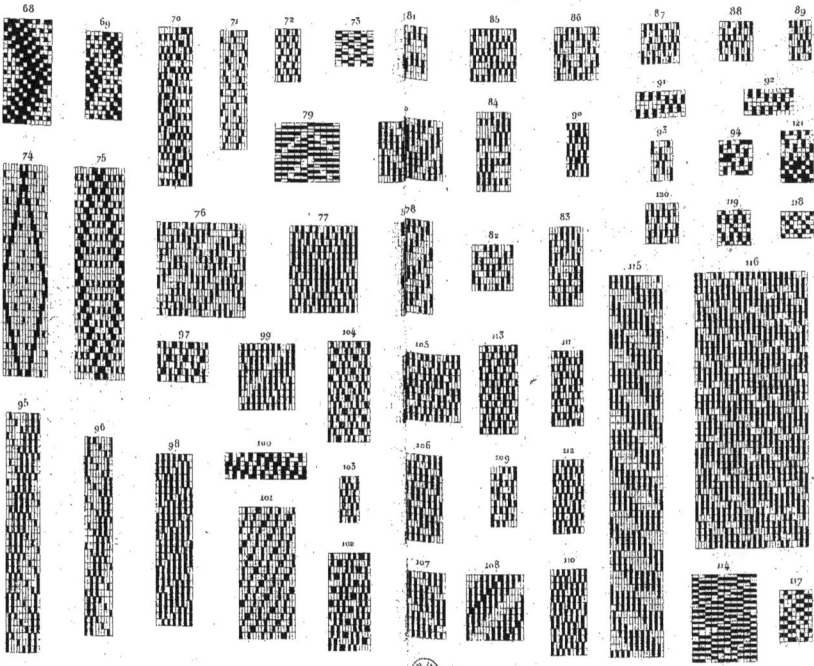

68 69 70 71 72 73 81 85 86 87 88 89

91 92

79 80 84 90 93 94 121

74 75 120 119 118

76 77 128 82 83 115 116

97 99 104 105 113 111

95 96 98 100 106 109 112

101 103

102

107 108 110 114 117

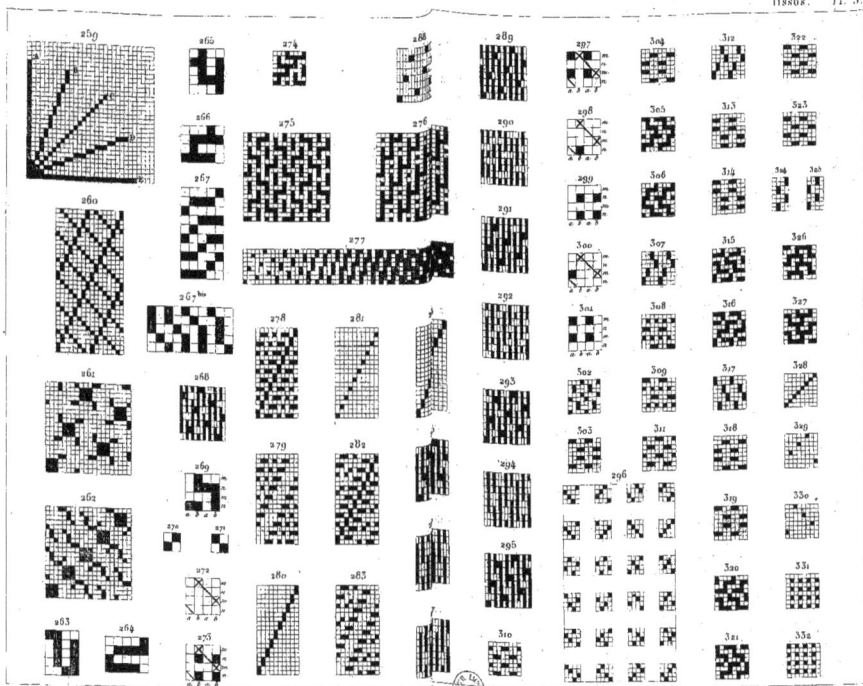

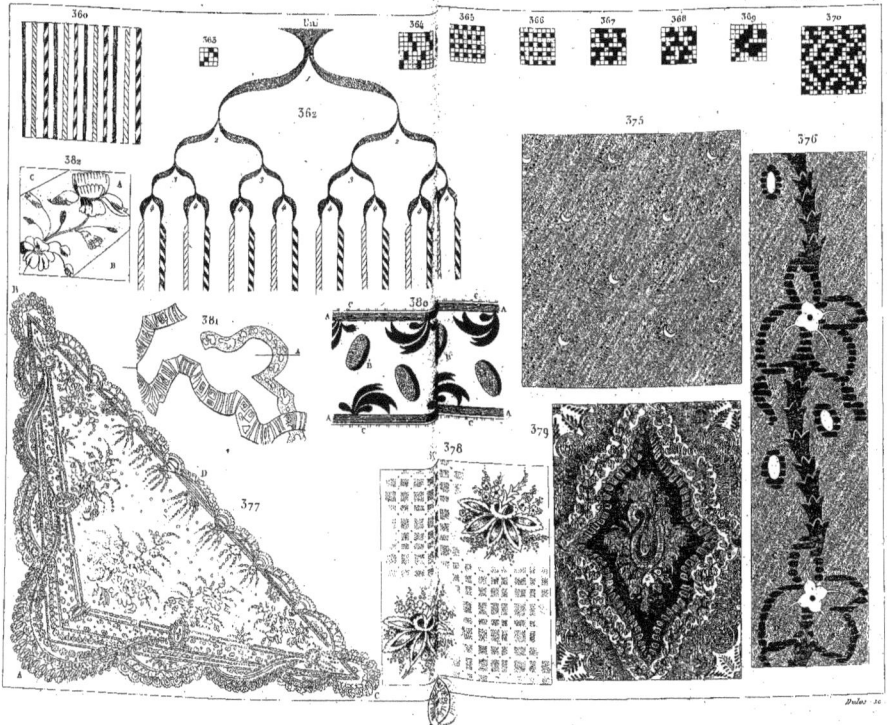

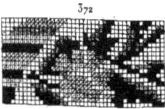

372

371

383

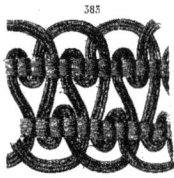

383 bis

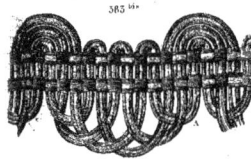

384

374

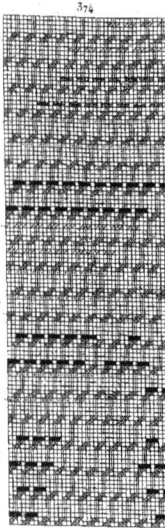

373

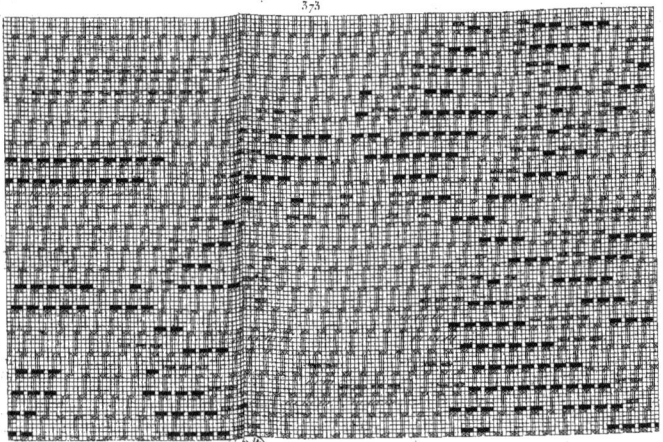

385

387   388   386

398.

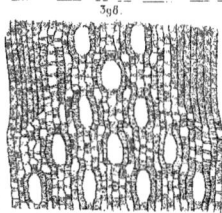

395.

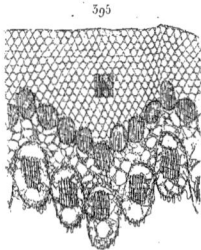

399.

397.

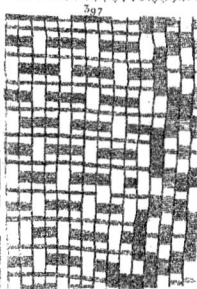

396.

391.

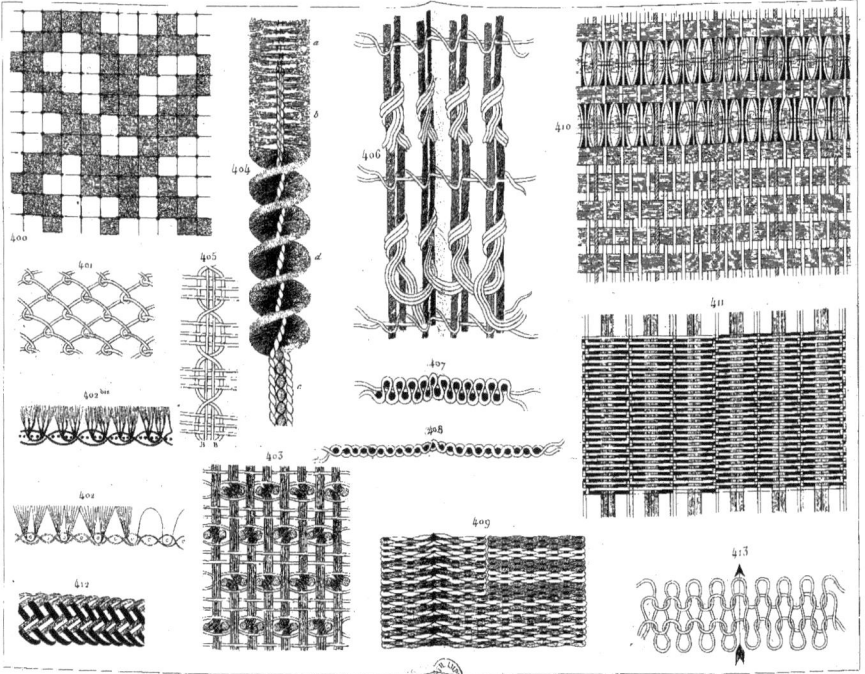

400

401

402 bis

402

412

404

405

403

406

407

408

409

410

411

413

Pl. 12.

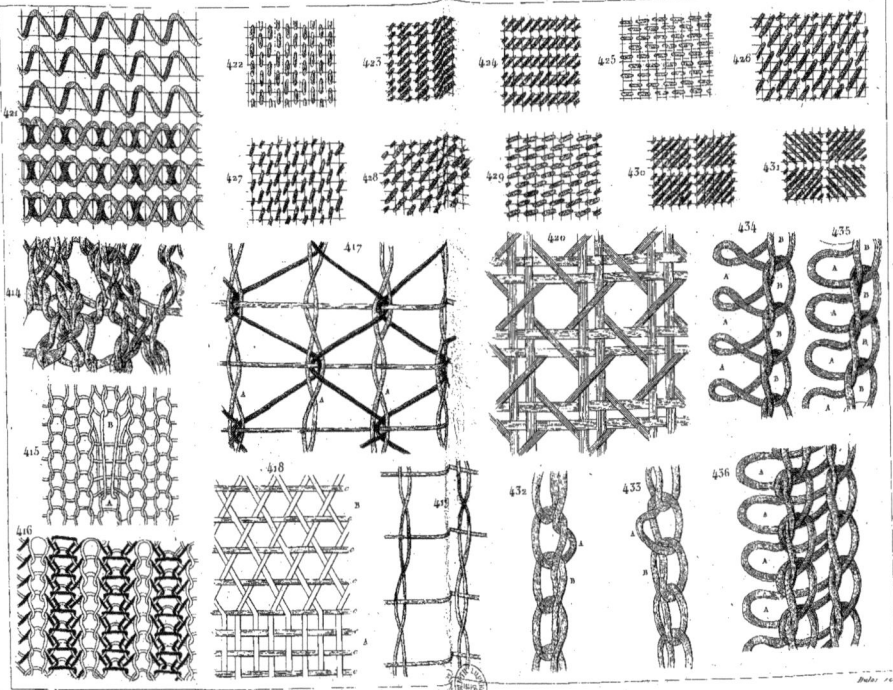

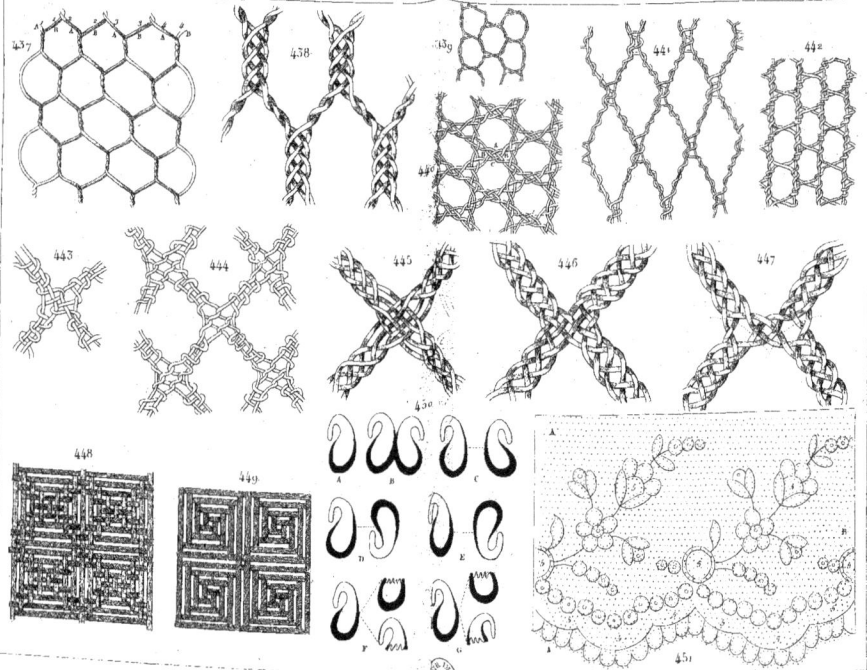

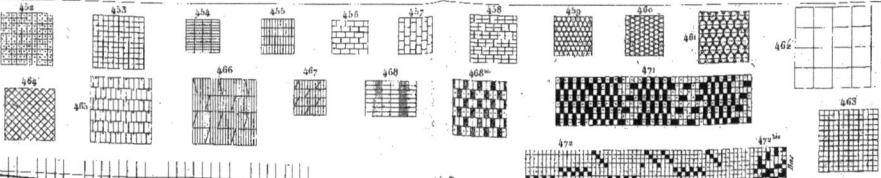

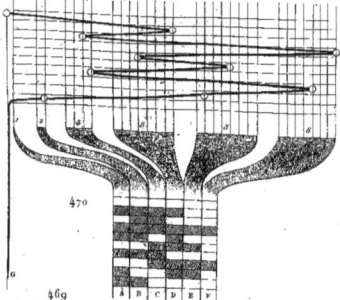

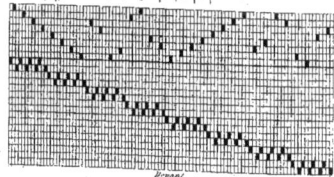

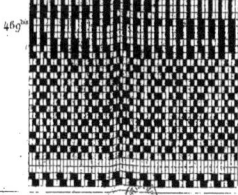

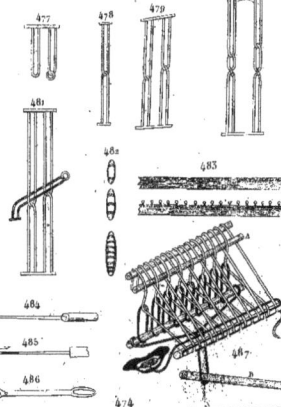

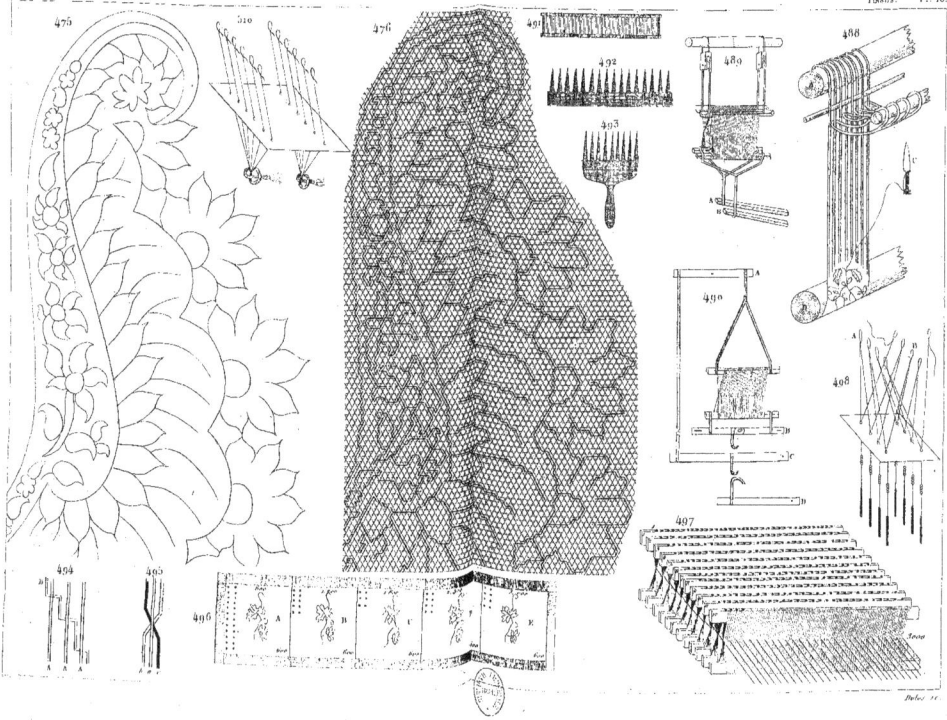

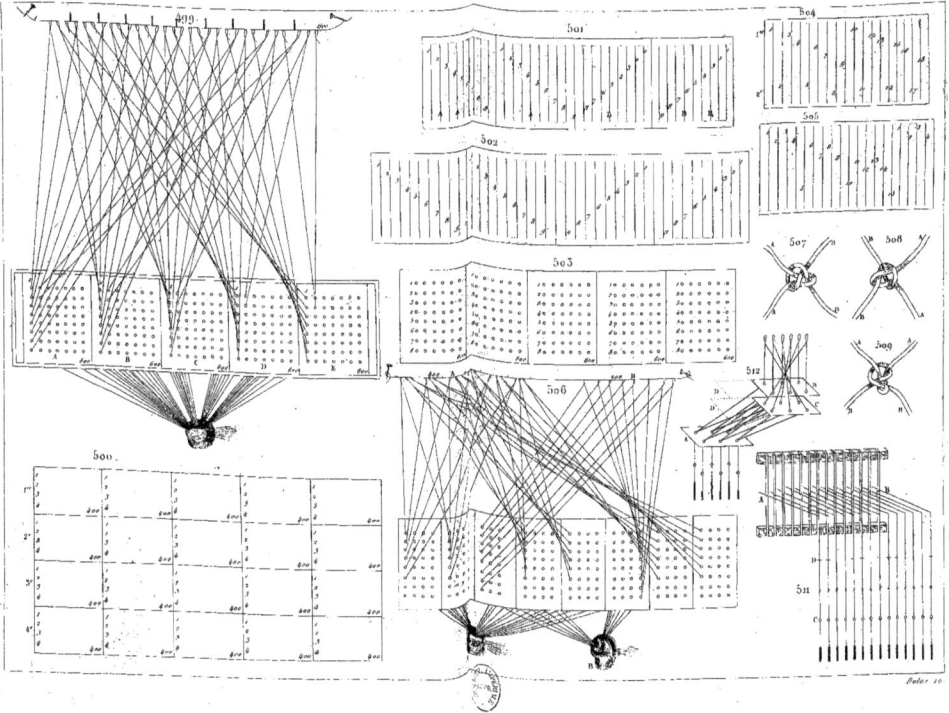

499.

501.

504.

502.

505.

503.

507. 508.

509.

512.

500.

506.

511.

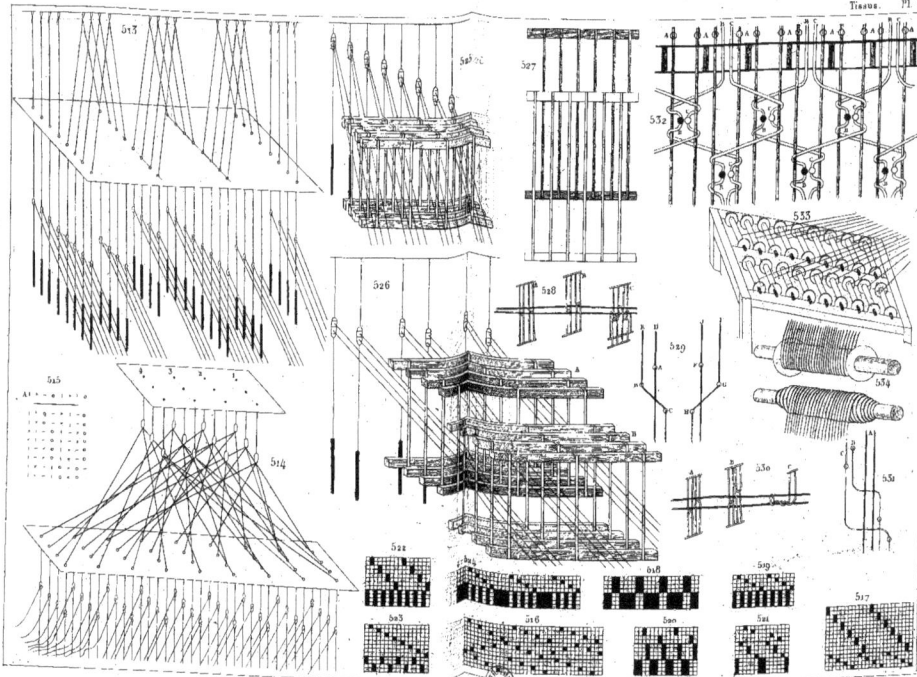

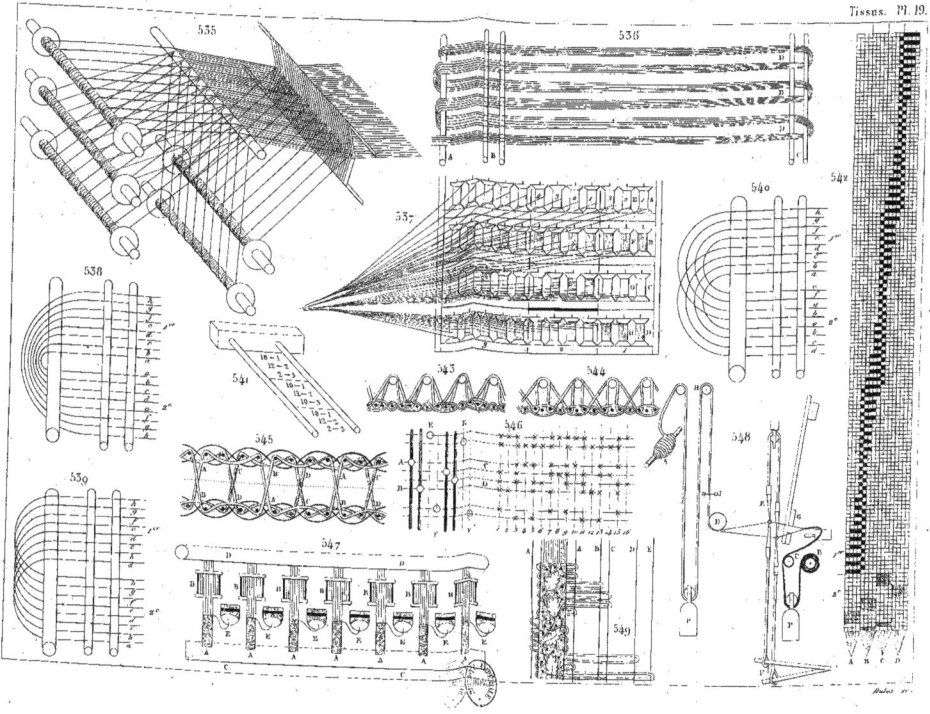

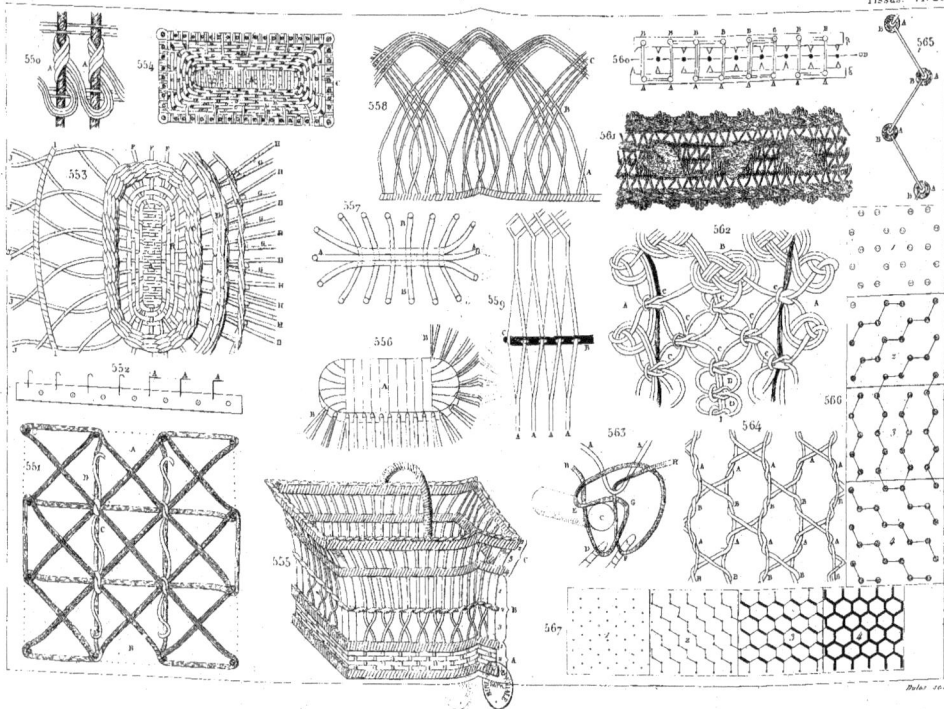

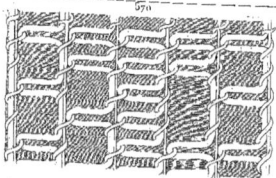

570

572

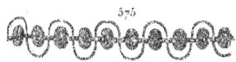

575

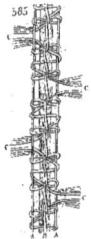

585

586

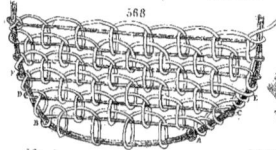

568

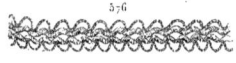

576

577

573

578

588

569

574

579

580

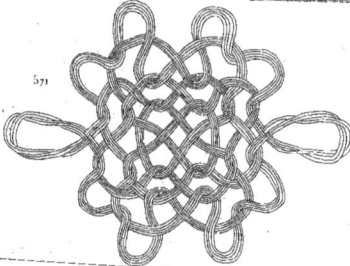

571

583

581

582

584

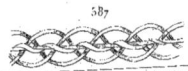

587

Pl. 21

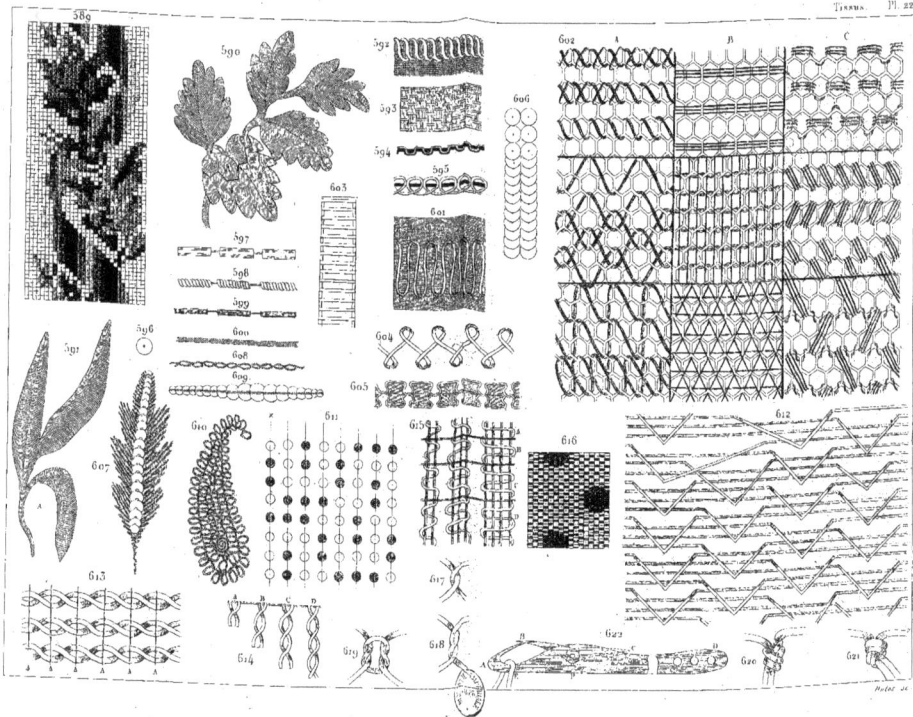

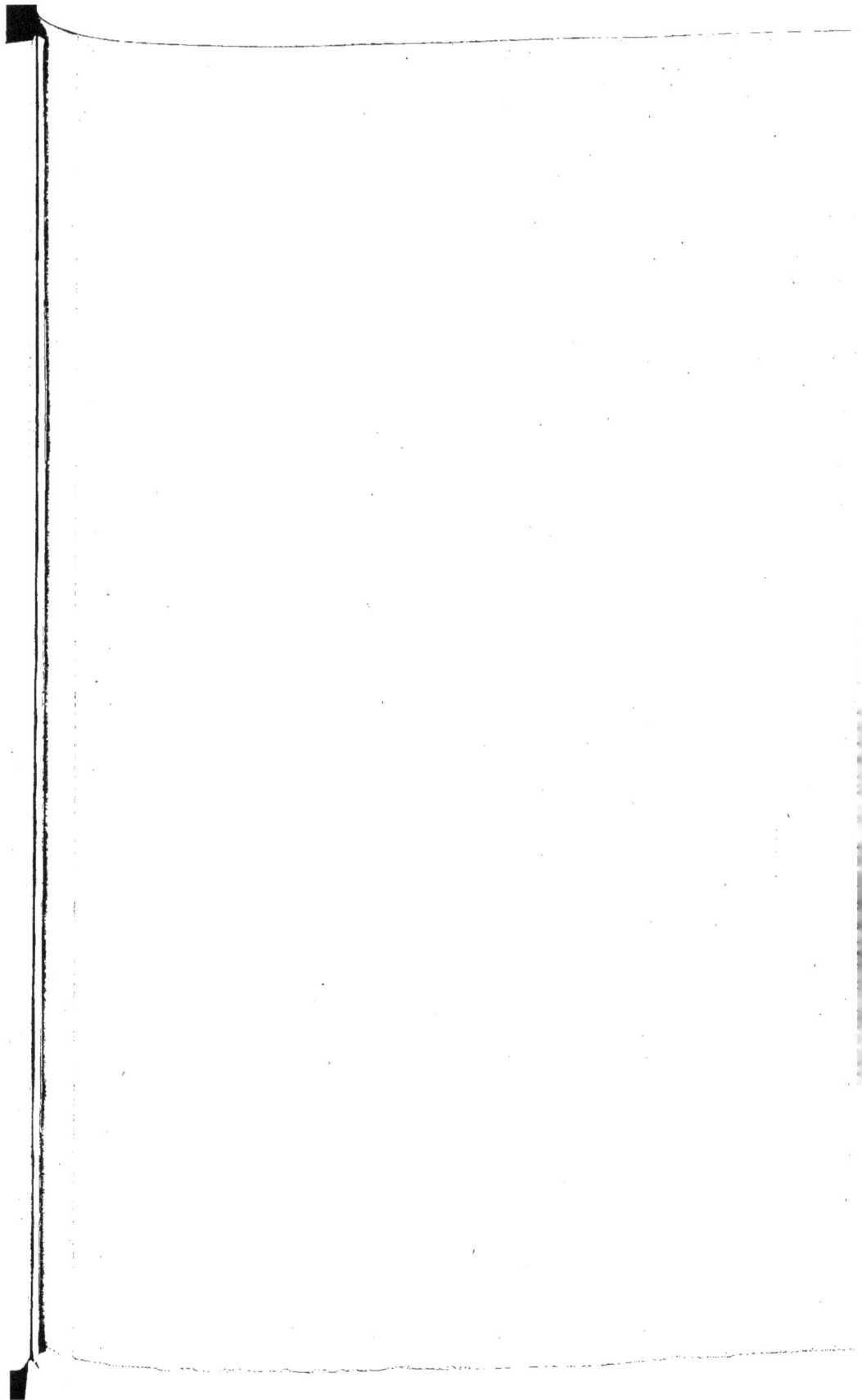

TABLEAU SYNOPTIQUE DES TISSUS. (44 à 56.)

1re CLASSE. — CROISEMENTS RECTILIGNES PLEINS ET A JOUR.

TOILE. — 1re Section. — RAS SIMPLE.

1er Genre. Doubles faces.	2e Genre. Avec envers.	3e Genre. Poutre lancée.
Agrément, Alépine, Calicot, Cannelé, Cannelle, Casimir, Chèles, Chaussanterie, Contils, Corbeau, Damassés, Étamine, Futaine, Gros molletons, Gros de Tours, Linon, Mousseline, Natté, Popeline, Paillassou, Reps, Rubans, Satin, Spartérie, Taffetas, Tiretaine, Tartans, Voile, Vannerie.	Broutelles, Cannelés, Contils, Damassés, Lévantines, Mousseline, Reps, Rubans, Shall, Taffetas, Toile et châles croisés, Tapisserie, Voile.	Basin, Brocatelle, Coutils, Molletonnés, Piqués, Soierie-amevrautées.

PROPRIÉ. — 2e Section. — RAS NOBLE.

1er Genre. Poutre brochée.	2e Genre. Broutée repliée.	3e Genre. Double-triple brochée.
Châles, Droguet, Calicot, Gilets cachemire, Rubans, Tapis reps.	Zachemate par, Gilets-tapis, Indus-cachemire, Lampas, Meubles, Tapis reps, Tapisserie des Gobelins, Tapisserie reps.	Cannelés, Châles-tucasse, Brétille, Brocart, Jardinière, Lévantine, Meubles, Rubans, Satins, Toile.

VELOUTÉS. — 3e Section. — TROIS A POIL.

1er Genre. Simple avec envers.	2e Genre. Poutres lancés.	3e Genre. Double-triple lancés.
Alpagas, Bourrazan, Cannelé, Couvrture, Drap, Flotté, Floroule, Frise, Foulard, Molleton, Ratine, Tartanelle, Tartars, Thibaudy, Velopeluse, Jury.	Cache-nez, Drap, Éclarpe, Fluette, Planelle.	Cache-nez, Drap, Éclarpe, Fluette, Planelle, Plaids, Tartans.

2e CLASSE. — CROISEMENTS MIXTES PLEINS ET A JOUR.

PELUCHE. — 1re Section. — COUTURES ET COUPES.

1er Genre. Creusé sacochole.	2e Genre. Croisée coupé.	3e Genre. Moquette serrée.
Colte velouchée, Laines, Gras lustrgs, Panno, Peluche, Peluche mixte, Pluch, Ratines, Tapis passabés, Velours corps, Velours d'Utreh, Velours ficé.	Agrément, Chenille, — — — — — — — Fleurs artificielles, Frange, Hevpe, Rosace.	Chône chenille, Tapis chenille, Tapis de la Sa- vonnerie, Tapis moquette, Tapis pastomés.

BROCHÉS. — 2e Section. — DROITS ET OBLIQUES.

1er Genre. Croisés mondo.	2e Genre. Croisés tramés.	3e Genre. Croisés ondulés alternés.
Agrément, Gaze, Embrasse, etc., Glaucière, Passementerie, Tavis Doche, Tapis grillés ou isolées, Vannerie.	Agrément, Colte de maille, Côte, Effilés, Embrasse, Frange, Gands, Harpe.	Bartfes, Châle chenille, Chenille plate, Gaze, Gaze peluche, Harfy, Rubans, Spartérie, Vannerie.

RÉSEAUX. — 3e Section. — ÉBAUQUES TEXTILLES.

1er Genre. Filet accouché.	2e Genre. Tortilla alternés.	3e Genre. Tortilla trensés.
Filet accouché, droit, tryomad, fes, Maille simple, Tretlis.	Cartas — bos ou tells à réseaux, Dentelle d'Auverg- nat, de Caen, de Paris, Imitation, Maltae double, Souple-faves ou blonde, Tulle bobin, Tulle Bruxelles.	Dentelle, Dentelle d'Auver- gat, Dentelle, point de champ, Guipure, Point à Aiençoe, Point de Regetz, Valenciennes.

3e CLASSE. — CROISEMENTS CURVILIGNES PLEINS ET A JOUR.

MAILLES. — 1re Section. — OMBRES ACCROCHÉS.

1er Genre. Maille chaine.	2e Genre. Maille simbile.	3e Genre. Maille naveelle.
Brondelle, Châine métalli- que, Côte de maille, Crochet, Fantaisie.	Bonnéterie, Châine à, — brodelée, — crénelée, — dochée, — gaufrée, — polachée, Fleurs artificiel- les, Frange maillée, Hevpe, Rosace.	Agrément, Dentelle actuel- Eyne, Toile d'épure ou tortilias.

TRESSÉS. — 2e Section. — OMBRES TRESSÉS.

1er Genre. Natte tressé.	2e Genre. Natte tramée.	3e Genre. Natte tortillé.
Agrément, Cordons de mus- ter, Lacet plat, Lacet rond, Natte, Paillassou, Spartérie, Tresse.	Agrément, Effilés, Frange, Gands, Imitations, Nnude, Passementerie, Tresse.	Agrément, Gordons d'enra- blement, Gance rende, Passementerie, Spartérie.

BRODÉS. — 3e Section. — OUVRIES APPLIQUÉS.

1er Genre. Croisés.	2e Genre. Ondulés.	3e Genre. Appliquée.
Bordures, à jour, Cordon en agrément, Fantaisie, Filet accroché, Filet laet, Fleurs artificielles, Glands, Paillassous, Passe, Passntié, Tapisserie.	Broderie, Cordonnet, Dentelles, Drapsrie, Fschiadp, Festons, Linon, Passe, Pnantia, Tapisserie, Redanz.	Broderie métallique, Chenille, Crochet, Dentelle, Effilés, Fantaisie, Gaze accro, Peluche, Passe, Pnantia, Passe, Tapisserie.

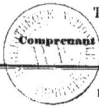

TABLEAU SYNOPTIQUE DU MONTAGE,

Comprenant les Empoutages, Remettages et Appareillages. (97.)

EMPOUTAGE DES ARCADES ET ORDRE DES LAMES.

SIMPLE. Une arcade par maillon, tissu uni façonné.			COMPOSÉ. Plusieurs arcades pour un maillon.			BRICOLÉ. Une arcade pour plusieurs maillons.		
SUIVI.	SAUTÉ.	FIGURÉ.	SUIVI.	AMALGAMÉ.	FIGURÉ.	SUIVI.	SAUTÉ.	FIGURÉ.
Sur un seul corps.	Sur plusieurs corps.	Par bande, sur un ou plusieurs corps et retour.	Châles, Tulle guipure, Blonde, Tulle rideaux, Passementerie, Haute lisse.	Blonde, Tulle guipure, Passementerie, Tricot, Châles.	Blonde, Châles à retour, Tulle imitation, Coins de châles.	Gaze. — Arcade amalgamée dans son parcours.	Gaze Marly. — Arcade amalgamée sautée.	Gaze, Gaze damassée. — Arcade amalgamée sur plusieurs corps et à retour.

REMETTAGE DES FILS DE LA CHAINE DANS LES MAILLONS ET LES LISSES.

SIMPLE. Un fil par maillon ou maille.			COMPOSÉ. Plusieurs fils dans un maillon.			BRICOLÉ. Un fil dans plusieurs maillons.		
SUIVI.	SAUTÉ.	FIGURÉ.	SUIVI.	AMALGAMÉ.	FIGURÉ.	SUIVI.	AMALGAMÉ.	FIGURÉ.
Par ordre numérique suivi.	Ordre numérique interverti, coursé amalgamée.	Suivi ou à retour, par parties séparées.	Plusieurs fils dans le même maillon, passés une seconde fois dans chacun une lisse séparée.	Fils passés dans diverses séries de maillons ou barres, et ensuite dans diverses séries de lisses ou barres.	Les fils passés dans diverses séries de maillons, et ensuite dans les mêmes séries de lisses.	Un fil passé dans plusieurs maillons et tournant autour d'un autre fil.	Fils passés dans plusieurs maillons tournant à plusieurs autour d'un ou plusieurs fils, du même sens ou à l'opposé.	Fils passés dans plusieurs maillons tournant autour de divers fils dans diverses positions, tels que marly, gaze damassée.

APPAREILLAGE DES ARCADES, LISSES ET MARCHES.

SIMPLE. Un crochet, aiguille, corde, par lisse.			COMPOSÉ. Plusieurs lames ou crochets pour une lisse.			BRICOLÉ. Plusieurs accrochages pour le même fil.		
Marche accrochée sur les lames.	Le jacquard arcades fixes au crochets de la mécanique.	Tambour ou roue avec chevilles poussant les lames d'une quantité fixe.	Marche accrochée sur bricoteaux et contre-marche.	Mécanique simple ou brisée pour amalgame d'empoutage et remettage. Tulle, châles.	Accrochage du corps et des lisses de levée et rabat sur diverses mécaniques.	Corps passé dans de hautes lisses et à la marche pour passementerie.	Equipage pour la gaze à la marche.	Tulle guipure, Tricot.

ESPÈCES DIVERSES DE LISSES, MAILLONS ET MAILLES.

SIMPLE. Une lisse ou maillon portant un fil.			COMPOSÉE. Lisse ou maillon portant plusieurs fils.			BRICOLÉS. Plusieurs lisses réunies ne portant qu'un fil.		
Demi-lisse à coulisse. Demi-lisse à maillon ou perle. Haute lisse.	Lisse à maille ou maillon portant un fil.	Lisse double à coulisse, le fil passé à cheval dessus et dessous.	Lisse à maillon damassée portant plusieurs fils.	Lisse damassée avec lisse du rabat.	Lisse damassée avec lisse de rabat et de levée.	Lisse composée de plusieurs lisses à coulisse fonctionnant en levée et rabat.	Lisse à maille portant une demi-lisse nommée culotte.	Aiguille occupant diverses positions, l'une par rapport à l'autre.

Tissus.

N° 2.

TABLEAU SYNOPTIQUE DES ARMURES PRIMITIVES,

De leurs Composées et de leurs Dérivées, avec leurs Dénominations. (103 à 107.)

BASE PRIMITIVE. — TAFFETAS. — PREMIÈRE FAMILLE.

1re Espèce. — TAFFETAS. — Chaîne.			2e Espèce. — TAFFETAS. — Chaîne et Trame.			3e Espèce. — TAFFETAS. — Trame.		
1re Série, Taffetas.	2e Série, Sergés.	3e Série, Satin.	1re Série, Taffetas.	2e Série, Sergés.	3e Série, Satin.	1re Série, Taffetas.	2e Série, Sergés.	3e Série, Satin.

BASE DÉRIVÉE SUIVIE. — SERGES. — DEUXIÈME FAMILLE.

1re Espèce. — SERGES. — Chaîne.			2e Espèce. — SERGES. — Chaîne et Trame.			3e Espèce. — SERGES. — Trame.		
1re Série, Taffetas.	2e Série, Sergés.	3e Série, Satin.	1re Série, Taffetas.	2e Série, Sergés.	3e Série, Satin.	1re Série, Taffetas.	2e Série, Sergés.	3e Série, Satin.

BASE DÉRIVÉE INTERVERTIE. — SATINS. — TROISIÈME FAMILLE.

1re Espèce. — SATIN. — Chaîne.			1re Série, Taffetas.	2e Série, Sergés.	3e Série, Satin.	1re Série, Taffetas.	2e Série, Sergés.	3e Série, Satin.
1re Série, Taffetas.	2e Série, Sergés.	3e Série, Satin.	2e Espèce. — SATIN. — Chaîne et Trame.			3e Espèce. — SATIN. — Trame.		

Liage	Taf.	Direction	Taf.	Modification finale.		TISSUS.		Fond	Taffetas.	Modification finale.	
	Ser.		Ser.		Simple	uni-taffetas.			Sergé.		
	Sat.		Sat.		double	bi-taffetas.			Satin.		
					triple	tri-taffetas.					
					Quadruple	prt-taffetas.					

(Chaque coup en hauteur un degré.)

Tissus.

N° 3.

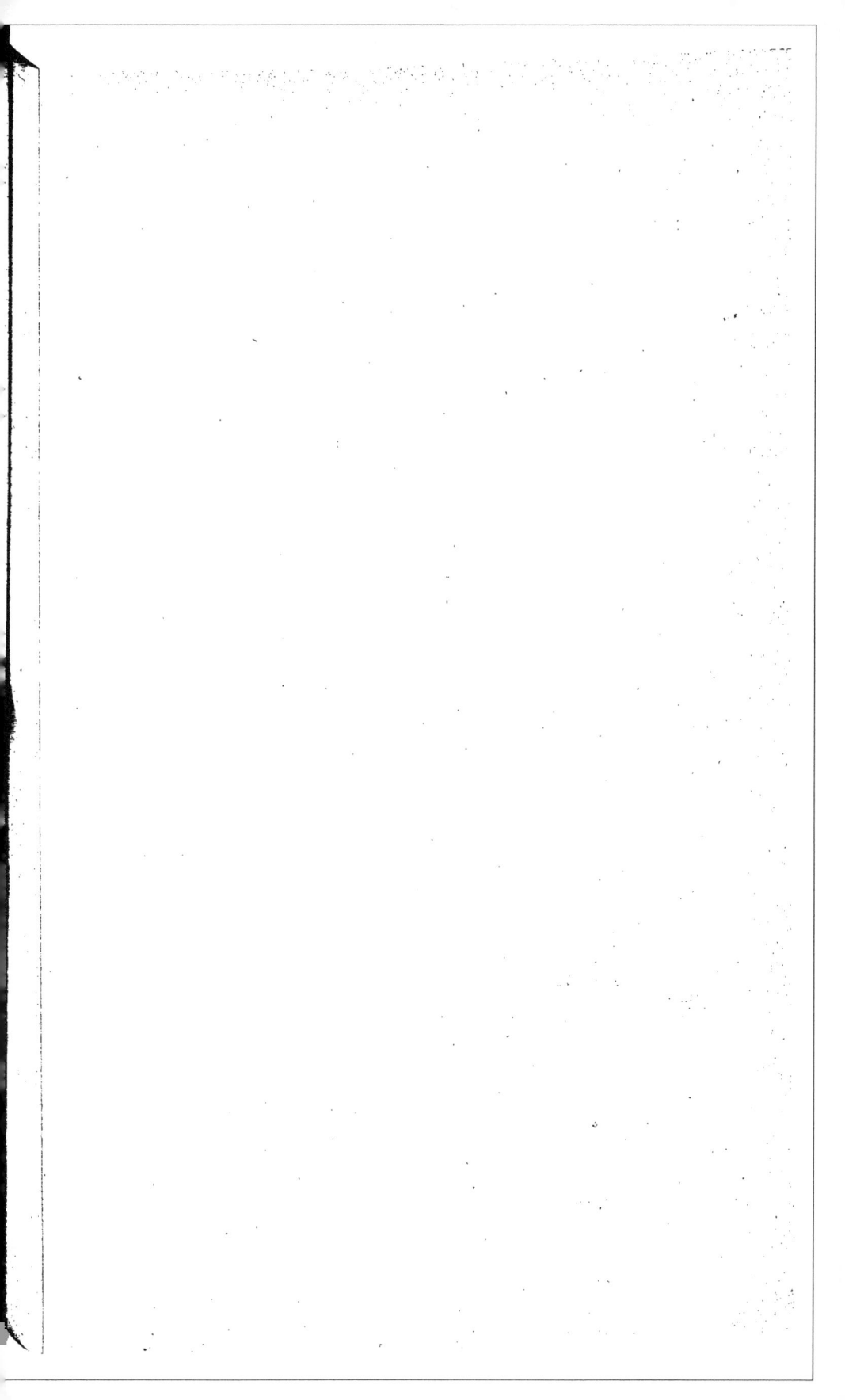

TABLEAU SYNOPTIQUE DES FILS,
De leurs Modifications et de leurs Combinaisons. (130.)

VOLUME SIMPLE UNI.

GROS FIL. — Degré de torsion.			INTER-FIL. — Degrés de torsion.			FIL FIN ET SURFIL. — Degré de torsion.		
Pri-gros fil.	Bi-gros fil.	Tri-gros fil.	Pri-inter-fil.	Bi-inter-fil.	Tri-inter-fil.	Pri-fil fin.	Bi-fil fin.	Tri-fil fin.

SIMPLE CHINE.

ÉGAL.			VARIÉ.			BRICOLÉ.		
Pri-, bi-, tri-gros chiné égal.	Pri-, bi-, tri-inter-chiné égal.	Pri-, bi-, tri-chiné fin égal.	Pri-, bi-, tri-gros chiné varié.	Pri-, bi-, tri-inter-chiné varié.	Pri-, bi-, tri-chiné fin varié.	Pri-, bi-, tri-gros chiné bricolé.	Pri-, bi-, tri-inter-chiné bricolé.	Pri-, bi-, tri-chiné fin bricolé.

COMPOSÉ, MOULINÉ, UNI A DEUX FILS OU PLUS.

GROS MOULINÉ.			INTER-MOULINÉ.			FIN MOULINÉ.		
Pri-gros mouliné uni.	Bi-gros mouliné uni.	Tri-gros mouliné uni.	Pri-inter-mouliné uni.	Bi-inter-mouliné uni.	Tri-inter-mouliné uni.	Pri-fin mouliné uni.	Bi-fin mouliné uni.	Tri-fin mouliné uni.

COMPOSÉ, MOULINÉ, JASPÉ A DEUX FILS OU PLUS.

GROS JASPÉ.			INTER-JASPÉ.			FIN JASPÉ.		
Pri-gros jaspé.	Bi-gros jaspé.	Tri-gros jaspé.	Pri-inter-jaspé.	Bi-inter-jaspé.	Tri-inter-jaspé.	Pri-fin jaspé.	Bi-fin jaspé.	Tri-fin jaspé.

COMPOSÉ, GUIPÉ. — DEGRÉ DU FIL GUIPEUR DE LA GUIPURE.

PRI.			BI.			TRI.		
Pri-gros guipé.	Pri-inter-guipé.	Pri-fin guipé.	Bi-gros guipé.	Bi-inter-guipé.	Bi-fin guipé.	Tri-gros guipé.	Tri-inter-guipé.	Tri-fin guipé.

COMPOSÉ, VRILLÉ. — DEGRÉ DE RAPPROCHEMENT DE LA VRILLE.

PRI.			BI.			TRI.		
Pri-gros vrillé.	Pri-inter-vrillé.	Pri-fin vrillé.	Bi-gros vrillé.	Bi-inter-vrillé.	Bi-fin vrillé.	Tri-gros vrillé.	Tri-inter-vrillé.	Tri-fin vrillé.

LATTAGE.	PROPORTION, Chaîne.	RÉDUCTION, Trame.
Latié, diverse grosseur en chaîne. *Latiu*, diverse grosseur en trame. *Latton*, diverse couleur en chaîne. *Lattou*, diverse couleur en trame. *Lattona*, diverse grosseur et couleur en chaîne. *Lattuna*, diverse grosseur et couleur en trame.	Haute proportion, la chaîne en excès. Egale proportion, chaîne et trame égales. Basse proportion, la trame en excès.	Haute réduction, la trame en excès. Egale réduction, chaîne et trame égales. Basse réduction, la chaîne en excès.

TISSU PLEIN.	TISSU MOYEN.	TISSU A JOUR.
Fils très-serrés, étoffe sans jours, simple, fourrée, double.	Fil peu serré, étoffe claire, simple, fourrée, double.	Fil écarté, étoffe ayant des vides, simple, fourrée, double.

JONCTIONA, Cordé. — JONCTIONE, Coupé.	ONDULÉ.	JOUR.
Place où les fils sont superposées.	Distance de deux fils, partie courbée.	Espace carré qui est vide, sans fils.

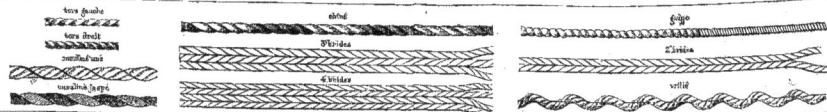

Tissus.   N° 4.

www.ingramcontent.com/pod-product-compliance
Lightning Source LLC
Chambersburg PA
CBHW071300200326
41521CB00009B/1856